番木瓜的故事

为什么我们需要『转基因』

白蓝
吴潇
著

上海科学技术出版社

图书在版编目（CIP）数据

番木瓜的故事 / 白蓝，吴潇著. -- 上海 ：上海科学技术出版社，2023.1
（为什么我们需要"转基因"）
ISBN 978-7-5478-5946-9

Ⅰ.①番… Ⅱ.①白… ②吴… Ⅲ.①转基因植物—番木瓜—少儿读物 Ⅳ.①S667.9-49

中国版本图书馆CIP数据核字（2022）第204252号

番木瓜的故事

白　蓝　吴　潇　著

上海世纪出版（集团）有限公司
上海科学技术出版社　出版、发行
（上海市闵行区号景路 159 弄 A 座 9F-10F）
邮政编码 201101　　www.sstp.cn
常熟市华顺印刷有限公司印刷

开本 787×1092　1/16　印张 6
字数 85 千字
2023 年 1 月第 1 版　2023 年 1 月第 1 次印刷
ISBN 978-7-5478-5946-9/S·244
定价：48.00 元

序一

植物驯化与改良成就了人类文明

遥想在狩猎采集时代，当原始人类漫步在丛林中采摘野果充饥时，他们绝不会想到，手中这些野生植物的茎、叶、果实，会在后世衍生出那么多的故事。反之，当现代人忙碌穿梭在清晨拥挤的地铁和公交之间时，他们也不会想到，手中紧握的早餐，却封藏着前世的那么多秘密。你难道不对这些植物的故事感兴趣吗？

从原始的狩猎采集到现代的辉煌，这是一段极其漫长的时光，但是在宇宙运行的轨迹中，这仅仅是短暂的一瞬。在如此短暂的瞬间，竟然产生了伟大的人类文明和众多的故事，这不能不说是一个奇迹。但这些奇迹却由一些不起眼的野生植物和它们的驯化与改良过程引起，这就是我们不知道的秘密。

最初，世间没有栽培的农作物，但是在人类不经意的驯化和改良过程中，散落在自然中的野生植物就逐渐演变成了栽培的农作物，而且还成就了人类的发展和文明，产生了许多故事。你能想象，一小队不断迁徙、疲于奔命，永远在追赶和狩猎野生动物、寻找食物的人群，能够发展成今天具有如此庞大规模的人类和现代文明吗？而另一群人，能够开启大脑的智慧，驯化和改良植物，定居下来、守候丰收、不断壮大队伍，有了思想和剩余物质和财富的人类，一定能够走进文明。

因此，植物驯化是人类开启文明大门的里程碑，栽培植物的不断改良是人类发展和文明的催化剂。

植物驯化和改良为人类提供了食物的多样性和丰富营养，包括主粮、油料、蔬菜、水果、调味品，以及能为人类抵风御寒和遮羞的衣物。这些栽培农作物的背后有着许多有趣的科学故事，而且每一种农作物都有属于自己的故事。但这些有趣的科学故事，不一定为大众所熟知。就像农作物的祖先是谁？它们来自何方？属于哪一个家族？不同农作物都有何用途？如何在改良和育种的过程中把农作物培育得更加强大？经过遗传工程改良的农作物是否会存在一定安全隐患？

这些问题，既令人兴奋又让人感到困惑。然而，你都可以在这一套"为什么我们需要转基因"系列丛书的故事中找到答案。

丛书中介绍的玉米是世界重要的主粮作物，也是最成功得到驯化和遗传改良的农作物之一，它与水稻、小麦、马铃薯共同登上了全球 4 种最重要的粮食作物榜单。玉米的起源地是在中美洲的墨西哥一带，但是现在它已经广泛种植于世界各地，肩负起了缓解世界粮食安全挑战的重担。

大豆和油菜不仅是世界重要的油料作物，而且榨过油的大豆粕和油菜籽饼也大量作为家畜的饲料。在中国，大豆和油菜更是作为重要的蔬菜来源，我们所耳熟能详的美味菜肴，如糟香毛豆、黄豆芽、各类豆腐制品、爆炒油菜心和白灼菜心等，都是大豆和油菜的杰作。

番木瓜具有"水果之王"和"万寿果"之美誉，是大众喜爱的热带水果植物。一听这个带"番"字的植物，就知道它是一个外来户和稀罕的物种，资料证明，番木瓜的老家是在中美洲的墨西哥南部及附近地域。番木瓜不仅香甜可口，还具有保健食品排行榜"第一水果"的美誉。此外，番木瓜还可以作为蔬菜，在东南亚国家，例如泰国、柬埔寨和菲律宾等，一盘可口清爽的"凉拌青木瓜丝"真能让人馋得流口水。

棉花也是一个与现代人类密切相关的农作物。在我们绝大多数地球人的身上，肯定都有至少一片棉花制品。棉花原产于印度等地，在棉花引入中国之前，中国仅有丝绸（富人的穿戴）和麻布（穷人的布衣）。棉花引入中国后，极大丰富了中国人的衣料，当年棉花被称为"白叠子"，因为有记载表示："其地有草，实如茧，茧中丝如细纩，名为白叠子。"现在，中国是棉花生产和消费的大国，中国的转基因抗虫棉花研发和商品化种植，在世界上也是名噪一时。

随着全球人口的不断增长，耕地面积的逐渐下降，以及我们面临全球气候变化的严峻挑战，世界范围内的粮食安全问题越来越突出，人类对高产、优质、抗病虫、抗逆境的农作物品种需求也越来越大。这就要求人类不断寻求和利用高新科学技术，并挖掘优异的基因资源，对农作物品种进一步升级、改良和培育，创造出更多、更好的农作物品种，并保证这些新一代的农作物产品能够安全并可持续地被人类利用。

如何才能解决上述这些问题？如何才能达到上述的目标？相信，读完这五本"为什么我们需要转基因"系列丛书中的小故事以后，你会找到答案，还会揭开一些不为人知的秘密。

民以食为天，掌握了改良农作物的新方法和新技术，我们的生活就会变得更美好。祝你阅读愉快！

复旦大学特聘教授

复旦大学希德书院院长

中国国家生物安全委员会委员

2022 年 11 月 30 日夜，于上海

序二

　　本书主题"为什么我们需要转基因——大豆、玉米、油菜、棉花、番木瓜"是一个很多人关心，很多专业人士都以报告、科普讲座等从不同角度做过阐释，但仍感觉是尘埃尚未落定的话题。作者所选的大豆、玉米、油菜、棉花、番木瓜等既是国内外转基因技术领域现有的代表性物种，也是攸关百姓生活的作物。作者在展开叙说时用心良苦，这从全书的布局、落笔的轻重和篇章的设计都能体会到。当然这个时候出版"为什么我们需要'转基因'"系列科普图书或有应和今年底将启动的国家"生物育种重大专项"的考虑。

　　书名涉及的几个关键词值得咀嚼一番。首先这里的"我们"既泛指中国当下自然生境下生存生活的市井百姓，也是观照到了所有对转基因这一话题感兴趣的人们，包括政策制定者、专业技术人员、媒体人士和所有关注此话题的读者。"需要"则既道出了当下种质资源和种源农业备受关注，强调保障粮食安全和生物安全是国家发展的重大战略需求的时代背景，也表达了作者和所有在这一领域工作的专业技术人员的态度。在具体作物前加上"转基因"这一限定词，直接点出了本套书的指向，就是不避忌讳，对转基因技术应用的几个典型物种作一番剖解。值得一提的是，作者在进入"为什么我们需要转基因——大豆、玉米、油菜、棉花、番木瓜"这些代表性转基因作物这一正题前，先用了不少于全书三分之一的篇幅切入对这些作物的起源、分类、生物学形态、生长特性、营养及用途、种植相关的科学知识，转基因育种的原因、方法和进展，以及相关科学家的贡献做了详尽介绍。如大豆一书在四章中就有两章的篇幅是对大豆身世、大豆的成分与用途、食用方法及相关的趣味性知识性介绍。这样的铺垫把这一大宗作物与读者的关系一下子拉近了许多，在传递知识的同时增加了读者的阅读期待。

而在进入转基因和转基因技术及其作物这些大家关心的章节时，作为部级转基因检测中心专家的作者的叙述和解读是克制、谨慎的，强调了中国积极推进转基因技术研究，但对于转基因技术应用持谨慎态度的立场和政策，这从目前国内批准、可以种植并进入市场流通的转基因作物只有棉花和番木瓜两种可见一斑。在相关的技术推进、政策制定和检测技术、对经过批准的国外进口转基因原料管理的把关等都有严格的管理和规范。作者在把这一切作为前提——点到澄清的同时,分析了国内外的转基因技术发展的态势、转基因技术的本质,并对广大市民关心的诸如:转基因大豆安全吗?中国为什么要进口转基因大豆?转基因玉米的安全性问题?转基因食用安全的评价?转基因食品和非转基因食品哪个更好?转基因番木瓜是否安全?等问题一一作了回应。

坦诚地讲,作者这种敢于直面敏感话题的勇气令人钦佩、把不易表述清楚的专业事实作了尽可能通俗易懂解读的能力值得点赞!但是感佩的同时还是有一点不满足,就是转基因技术的价值,加强转基因技术研究之于14亿人口、耕种地极为有限的中国的重要性的强调力度仍显不够。当然这或许是圈内人应有的慎重。相信随着更多相关研究的推进,随着人们对转基因技术的作用和价值有了更深入的了解和认知,作者在再版这套书时会给我们带来更多的信息和惊喜。

上海市科普作家协会秘书长　江世亮

目录

番木瓜的历史

大家听过《咕咚来了》这个有趣的故事吗？在故事的结尾，我们才知道，原来"咕咚"是成熟的木瓜掉入水中所发出的声音呀！

　　今天我们就来介绍这则小故事的主角之一，（番）木瓜！

　　成熟的番木瓜果肉厚实细腻，咬上一口、甜美可口、汁水四溢、齿颊留香，它还有"水果之皇""百益之果""万寿瓜"的美称，是著名的岭南四大名果之一。据报道，2011年世界卫生组织公布，番木瓜取代苹果位居健康食物排行榜第一。

　　说到"木瓜"大家都不会陌生，因为很多人都吃过。那"番木瓜"呢？和我们经常提到的"木瓜"是同一种东西吗？

　　从名字中的"番"字看，大家可能都已经猜到它不是我们中国的本土植物。是的！番木瓜从它的家乡出发，经过几个世纪、漂洋过海、长途跋涉才来到古代的中国，并在中国的热带和亚热带地区扎下了根基，逐渐被当地的居民接受和喜爱，从而繁衍至今。

　　番木瓜的家乡在哪里呢？它漫长而曲折的旅行中都停留了哪些地方？又是何时到达中国的？围绕着番木瓜还发生了怎么样有趣的故事呢？在中国的典籍中似乎也有它的身影，《诗经》中记载的"投我以木瓜，报之以琼琚"，这里的木瓜与番木瓜有联系吗？带着这些疑问，我们来看看番木瓜这几百年来的奇幻之旅吧。

1. 番木瓜的旅行史

经常会听人说：木瓜很甜很好吃。其实，咱们常吃的这种木瓜准确来说叫"番木瓜"。为什么叫番木瓜呢？那是因为，番木瓜如同"番茄""番薯"一样都是舶来品，又因它长得有些像我们中国的木瓜，所以才取名为"番木瓜"。

番木瓜原产于哥斯达黎加，14 世纪末期，它已经在中美洲被广泛种植。在 15 ~ 17 世纪的美洲大发现以后，西班牙和葡萄牙的水手们把番木瓜传播到了世界其他的热带和亚热带地区。

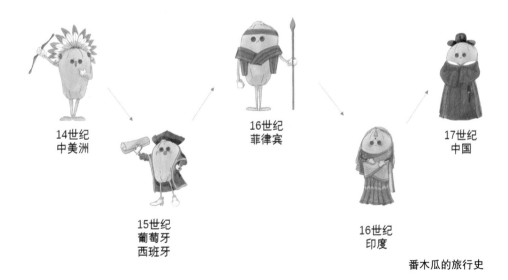

14世纪
中美洲

15世纪
葡萄牙
西班牙

16世纪
菲律宾

16世纪
印度

17世纪
中国

番木瓜的旅行史

2. 番木瓜是何时传入中国的?

对于"番木瓜是何时传入中国"这一问题,目前有两种说法。

一说,16 世纪,西班牙人把番木瓜带到菲律宾的马尼拉。后来,番木瓜又通过马六甲海峡传到了印度。17 世纪以后,随着西班牙和葡萄牙传教士来到中国传教,兴办教堂、学校和医院,番木瓜也跟着传入了我国,时间大约在明末清初,距今已有 300 多年历史。证据是成书于 17 世纪末的《岭南尽杂记》中有番木瓜的相关记录。

也有人认为,番木瓜是在唐朝传入中国的,依据是宋代王谠的《唐语林》中提到了番木瓜传入中国引起一场风波的小故事,而这本书是根据唐朝时期遗留的一些材料编写的,因此将番木瓜传入中国的时间推至唐朝。不过,有人提出质疑:《唐语林》的故事源于民间传闻,其可信度有多高要打个问号。

番木瓜

|拓展内容|

　　木瓜在我国栽培历史悠久，早在先秦时期人们就开始栽培木瓜，并且留下了许多文献记载。在《诗经·卫风·木瓜》中就有："投我以木瓜，报之以琼琚。匪报也，永以为好也。"后来人们以"投木报琼"比喻施惠于人，用来指报答他人对待自己的深情厚谊。

　　历代关于木瓜的诗词也有很多，诸如：唐代乐府诗人王建的《白纻歌》："馆娃宫中春日暮，荔枝木瓜花满树。"刘言史的《看山木瓜花二首》（其一）："裛[yì]露凝氛紫艳新，千般婉娜不胜春。年年此树花开日，出尽丹阳郭里人。"李白的《望木瓜山》："早起见日出，暮见栖鸟还。客心自酸楚，况对木瓜山。"

　　诸如此类的诗词还有许多，大多以咏叹木瓜花和诗经典故为题。

番木瓜的生物学特性

现在我们常吃的香甜软糯的"木瓜"就是番木瓜，但是我国也有本土"木瓜"，番木瓜外形上虽然与中国本土木瓜有些相似，但它们并不属于一个家族。我国的木瓜也是有着悠久历史和优良特性的食品，与番木瓜各有千秋。

　　现在网络上出现了很多将番木瓜和中国木瓜的身份信息混为一谈或者张冠李戴的情况，读完这一章后，大家就会知道"此木瓜非彼木瓜也"，不会"木瓜与木瓜傻傻分不清楚"啦！

　　番木瓜落户中国，要想在新的环境中茁壮成长，需要怎么样的生活条件？它的一生又经历怎样的蜕变呢？木瓜树通常分为公木瓜和母木瓜树，然而颇令大家不解的是，有时候公树上也会结出木瓜来，这到底是怎么回事？

　　番木瓜神奇的性别变幻堪称植物界的一朵奇葩。此外，无中生有、善于伪装也是番木瓜花繁衍后代的利器，让我们揭开番木瓜花神秘的面纱吧。

3. 番木瓜与木瓜是同一个物种吗？

在信息高速发展的今天，我们获取新知识的渠道多样且方便快捷，但是也有些知识在传播的过程中发生了偏差，出现了"木瓜木瓜傻傻分不清楚"的现象。首先，我们要明确地认识到番木瓜和木瓜不是同一个物种，无论是从生物学分类地位的角度来说，还是从树、花、叶、果等形态特征上来看，两者之间都存在着很大的区别。

番木瓜（学名：*Carica papaya* L.）有很多别名，比如木瓜、番瓜、万寿果、乳瓜、蓬生果、万寿匏［páo］，它是番木瓜科番木瓜属的常绿软木质小乔木，有的植株生长高度能达到 10 米，且一整年都可以开花结果。番木瓜原产于南美洲，主要分布在热带和亚热带地区。木瓜［学名：*Chaenomeles sinensis*（*Thouin*）*Koehne*］别名有榠［míng］楂、木李、海棠、光皮木瓜、木瓜海棠等，是蔷薇科木瓜属小植物。开花期在 4 月，果实期在 9—10 月。木瓜原产中国，在国内 22 个省市都有种植，分布十分广泛。

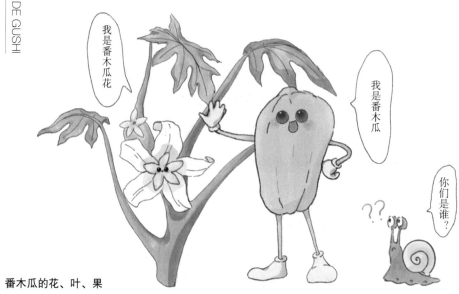

番木瓜的花、叶、果

木瓜的花、叶、果

番木瓜的果实中含有白色的乳汁，专门有人割采番木瓜未成熟果实的乳汁，因为其中含有丰富的番木瓜蛋白酶，这是制作嫩肉粉的主要成分。

番木瓜的叶子很大，叶面直径能达到 60 厘米，像一个巨大的盾牌；叶柄是中空的，最长能达到 100 厘米。叶子聚生于番木瓜的树顶，有些像椰树的树形。

木瓜的叶片则是椭圆卵形或椭圆长圆形，长 5 ~ 8 厘米，宽 3.5 ~ 5.5 厘米，叶柄比较短，大概 5 ~ 10 毫米，微被柔毛，叶缘上有腺齿。

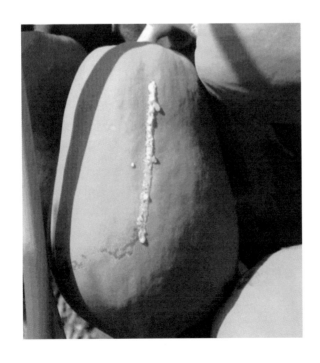

番木瓜分泌的乳汁

工人割采未成熟番
木瓜果的乳汁

番木瓜蛋白酶是
制作嫩肉粉的主
要成分

| 拓展知识 |

　　我们知道每个个体都有自己的特征，两个个体之间既有相同的地方，也有不同之处。比如猫和老鼠，它们都属于哺乳动物，但是它们在外观和习性上存在着非常大的差异，可如果把它们和两栖动物青蛙放在一起比较，那我们可以得出"猫和老鼠的关系相对于青蛙来说更近"的结论。生物学分类地位就是依据生物之间的这些性状差异和亲缘关系的远近来将不同的生物进行分类，目前生物分类的划分等级主要包括界、门、纲、目、科、属、种等7个等级。

　　人们在探索自然界的初始就已经开始对生物进行分类并命名，但是命名人太多，经常出现一物多名或异物同名的混乱现象。直到 1753 年，瑞典植物学家卡尔·冯·林奈（瑞典文原名：Carl von Linné）发表的《植物种志》（Species Plantarum）中采用双名法为植物进行统一的命名才结束了这场命名混战。之后，他又用双名法为动物命名。双名命名法一直沿用至今，也是国际上规定的命名法则。双名法是使用拉丁文为生物命名的，以番木瓜的学名"*Carica papaya* L."为例，第一个词是属名，"*Carica*"代表番木瓜属的意思，第二个词是种名，"papaya"的意思就是番木瓜，有些生物的学名后面还会加上命名人的名字缩写，"L."指的就是林奈。

2007 年是林奈诞辰 300 周年，为了缅怀这位伟大的植物分类学奠基人，瑞典政府将这一年定为"林奈年"，目的在于激发青少年对自然科学的兴趣。

卡尔·冯·林奈

4. 番木瓜的"变性神功"

大家知道，花是种子植物重要的繁殖器官，一般由花梗、花冠、花托、花萼、花蕊组成，其中花蕊又包括雄蕊和雌蕊，大多数的花卉同时具有雌蕊和雄蕊，也有少部分花只含有雄蕊或雌蕊，而番木瓜的花则属于最特别的那一类。

番木瓜的花是有性别的，包括雄性花、雌性花和双性花，这样植株也分为雄株、雌株和两性株，但是偶尔也会出现雄株上开出两性花或雌花并结果，或者雌株上长出少数雄花的现象。

变性普遍存在于低等动物群体中，比如石斑鱼会根据周围海域的雌性和雄性数量变换自己的性别，来保持雌雄数量平衡，从而达到产下更多后代的目的。那么，在植物界中是否也存在这样的变性高手呢？番木瓜就是个中翘楚。

科学家研究发现，番木瓜的两性株会因为温度的影响而发生性别转变。当温度在 26 ～ 32℃之间时，开出的大多数是两性花，低于 26℃时趋向于开雌花，而高于 32℃时则趋向于开雄花，这时还会引起落花落果，严重影响产量。民间也有说法是当番木瓜受到创伤，如被刀、锄头砍伤时会引起花性的转变，但尚未得到科学证实。目前的研究表明，温度是引起番木瓜花性改变的主要原因。

此外，番木瓜要结出健康壮硕的果实，离不开小蜜蜂等昆虫的辛勤劳作。但是，番木瓜的雌花既没有花粉，也不分泌花蜜，如何能吸引昆虫来帮助授粉呢？原来，雌花会把自己伪装成雄花，无论是花色还是花形都在极力地模仿雄花。更厉害的地方在于，雌花的柱头还演化成了长长的五裂花瓣，像极了一根根饱含花粉的雄蕊立于花芯。小蜜蜂们被骗得团团转，根本分辨不出雌雄花，这样就把来自雄花的花粉传递到雌花的柱头上，完成了授粉。

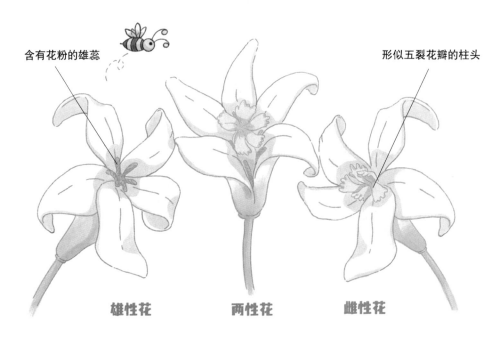

含有花粉的雄蕊

形似五裂花瓣的柱头

雄性花　　　　　两性花　　　　　雌性花

番木瓜的花性

番木瓜雄性花

番木瓜雌性花

5. 番木瓜的种植和生长周期

番木瓜从播种到第一次结果大约需要 3~5 年的时间，具体时间和种植者的管理水平、番木瓜品种以及气候条件等有关。生长过程包括萌芽期、幼苗期、花期、收获期等四个阶段。

番木瓜的生长周期

18

　　将饱满的种子播种入土，控制好环境温度，注意补充水分，种子不久就会出苗，等幼苗逐渐长大，还需要进行移栽。移栽前施肥整地，再把幼苗栽种起来，恢复生长后保证良好的光照，并及时浇水，成型后会开花结果。果实刚长出为绿色，不断生长，果色会慢慢变黄，个头也会变大，成熟后便可采收了。

　　番木瓜从结成果实到果实最终成熟至少要 3～4 个月，一般每年的 9—10 月份是番木瓜的果期，果实成椭圆状，果色呈暗黄，果香浓郁。不过现在的种植技术，能让人们在一年四季都能吃到番木瓜。一般夏季成熟的番木瓜手感比较软，果色暗黄；而冬季成熟的番木瓜则呈青色，肉质比较软，且籽粒比较饱满。

　　番木瓜在低洼积水处无法种植，除此之外对种植环境没有特别的要求，适合在向阳避风、排水通畅、土质比较深厚，土壤松软且肥沃的沙质土中种植。

番木瓜果实

6. 番木瓜种在哪里呢？

  番木瓜喜欢高温多湿的热带气候，不耐寒，所以种植地区主要分布于中南美洲、大洋洲、夏威夷群岛、菲律宾群岛、马来半岛、中南半岛、印度及非洲等热带地区。番木瓜的主产国有巴西、墨西哥、秘鲁和委内瑞拉等美洲国家，第二大产区则是印度、印度尼西亚、菲律宾和泰国等亚洲国家。我国的广东、海南、台湾等南部省区也广泛种植番木瓜，而且越来越受到果农和消费者的青睐。

| 拓展知识 |

　　番木瓜科下有4属，约60种，均产于热带美洲及非洲，现热带地区广泛栽培。我国南部及西南部引种栽培有1属1种（学名：*Carica papaya* L.）。

番木瓜林

番木瓜的用途

提到水果之王，很多人想到的可能是苹果（温带水果之王），有的也许会说是榴莲（世界公认的水果之王），或者猕猴桃（中国水果之王），或者蓝莓（浆果之王）。但是，你肯定不知道番木瓜有"百益果王"的称号，番木瓜究竟具备哪些营养价值？是什么让它被世界卫生组织认可并取代苹果成为"全球健康食物排行榜"第一的呢？

　　众所周知，番木瓜是一种甜美可口的水果，生吃、做甜品都不在话下。"番木瓜炖肉"？这是什么黑暗料理？这可是早在 15 世纪番木瓜原产地的土著人就发现的另一妙用！你可能不知道，番木瓜还具备多种意想不到的药用价值，而且番木瓜中的有益成分被人们提取出来制作成各种各样的产品，接下来就让我们一一揭晓吧。

7. 番木瓜的食用、药用价值

番木瓜与香蕉、菠萝并称"热带三大草本果树",是热带、亚热带地区广泛栽培的多年生果树,有"百益果王""水果之王""岭南佳果"等美誉。成熟的番木瓜果肉清香甜糯且营养丰富。2011 年,番木瓜被世界卫生组织列为最有营养价值的"十大水果"之首。

番木瓜果肉中含有番木瓜蛋白酶、凝乳蛋白酶、凝乳酶、番木瓜碱,还含有各类维生素、微量元素,以及 17 种以上氨基酸等,营养丰富且全面。因此,番木瓜也被叫做"万寿果",顾名思义,就是多吃可延年益寿。

番木瓜的食用方法有很多,成熟果实可当作水果直接食用,或榨成番木瓜汁饮用,还可做成木瓜炖雪蛤等甜品,亦可以加工成蜜饯、果汁、果酱、果脯及罐头等,未成熟的果实可用作蔬菜煮熟后食用。

早在 15 世纪,哥伦布就曾发现加勒比海地区的土著人会在食用大量的鱼肉后吃一些番木瓜来防止消化不良。直到今天,他们还会用番木瓜的叶子将肉类包裹一夜后再蒸煮,或者干脆将其与肉类共煮。美国人在煮牛肉时,也喜欢加入番木瓜,使牛肉更快煮烂,而且吃起来更鲜嫩,容易消化。人们也利用番木瓜的这一特性，研制出了嫩肉粉。

在中国的西双版纳地区，人们常将半成熟的番木瓜当作蔬菜食用，煮汤或者凉拌生吃，清香微甜，味道都很不错。

此外，番木瓜还有多种药用价值。在《食物本草》《岭南采药录》《现代食用中药》等医学著作中都有记载。番木瓜中的凝乳蛋白酶和番木瓜碱在治疗腰椎间盘突出、抗菌和抗寄生虫、抗肿瘤及降尿酸等方面有着较多的应用实例。

从未成熟番木瓜的乳汁中提取的番木瓜素，具有美容增白的功效，是制造化妆品的上等原料。成熟的番木瓜果肉也可以用作洗发膏一类日用品的增稠剂。

番木瓜化妆品

8. 嫩肉粉对身体健康有危害吗？

嫩肉粉，又叫"松肉粉"，主要成分就是从番木瓜中提取的番木瓜蛋白酶。因此要了解嫩肉粉，首先便要了解酶。

酶能够将大分子物质分解成小分子物质，具有高效且专一的特性。比如我们口腔中分泌的唾液里含有淀粉酶，在我们咀嚼米饭的时候，淀粉酶就会将米饭中含有的淀粉分解成小分子的糖类，这时我们就会品尝出米饭的清甜。而肉类中含有丰富的蛋白质，在口腔中并不会被消化，直到进入我们的胃中，胃蛋白酶才开始帮助我们将大分子的蛋白质分解成小分子的氨基酸等。

嫩肉粉中番木瓜蛋白酶就如同胃蛋白酶一样将肉中的部分蛋白分解，使肉的口感变嫩，并使其风味得到改善。能够用来提取蛋白酶的植物除了番木瓜，还有生姜、菠萝等。

嫩肉粉安全、无毒、卫生，且能提高肉类的色香味，被广泛应用于餐饮行业。但是，曾有谣言说：能把牛肉腐蚀成这样，吃到胃里面，人的胃不也给腐蚀了吗？其实这大可不必担心，因为烹饪时的高温会使蛋白酶失活，所以嫩肉粉会腐蚀胃的说法纯属胡编乱造。

配　　料：

食用盐、白砂糖、淀粉、木瓜蛋白酶、谷氨酸钠、植物油等。

产品介绍：

由优质原料精制而成，其中的木瓜蛋白酶自然、品质纯、效果好。使用后，肉类不但变得鲜嫩多汁，且能保存肉类本身的风味。

使用方法：

● 将洗净的小件肉类（如：肉丁）切好并深刺其表面 1/2 处，确保肉块内部软滑，将调味料均匀涂于肉块表面，处理后及时烹调。

● 若大件肉类（如：肉排），可将调味料调成液剂使用，效果更佳。

● 本产品已含有盐分，请烹调时酌情减少放盐。

嫩肉粉配料表

转基因番木瓜

一场突如其来的新冠疫情给我们人类生活造成巨大的影响，直至今日，我们依旧在和新冠病毒做斗争。命运总是如此的相似，番木瓜也曾遭遇病毒的侵袭，曾几何时，番木瓜环斑病毒一度将全球的番木瓜逼入绝境。人们绞尽脑汁地想要捍卫番木瓜的生存之路，却无济于事。难道从此以后，人们就要与如此美味无缘了吗？不！对于美味，人类从不妥协。

　　科学家们尝试了各种方法，从物理防治到弱毒系交互保护，最终拿起了转基因的武器成功保住了番木瓜。第一例转基因番木瓜是如何诞生的呢？

　　"橘生淮南则为橘，生于淮北则为枳。"国外的转基因番木瓜来到中国居然也会水土不服，这又是怎么回事？中国的科学家们走出了中国的转基因番木瓜之路。

9. 番木瓜的灭顶之灾

番木瓜汁多味甜，营养丰富，深受广大消费者的喜爱，近年来以 4% 的年增长率在世界各地大范围种植。然而，很多人却不知道，番木瓜曾经差点因为一场病毒病害的侵袭而灭绝！

20 世纪 40 年代，全世界种植有大量的番木瓜，当时夏威夷瓦胡岛（Oahu）的番木瓜种植面积约有 200 多公顷。然而在 1945 年的某一天，瓦胡岛上的瓜农发现瓜园中的番木瓜树生病了，叶片的颜色不均匀，形状像鸡爪子，果实上还出现水渍状圆斑，树长得也没以前高了。随着时间一天天地过去，这种症状非但不见好转，反而更加严重，树叶开始大量掉落，最严重的整棵树都死了。1949 年，狄尔沃斯·詹森（Dilworth Jensen）将为祸夏威夷瓦胡岛番木瓜的病毒命名为"番木瓜环斑病毒"（papaya ring spot virus，PRSV）。虽然人们喷施各种农药想进行病毒防治，可惜全都无济于事，病情反而越来越严重，导致岛内几乎无法再种植番木瓜。到 20 世纪 50 年代，人们不得不将夏威夷的番木瓜种植产业从瓦胡岛搬迁至夏威夷大岛的普纳（Puna）地区。普纳地区的土地面积广阔，阳光充足，雨水丰沛，地下为利于排水的火山岩。更重要的是，该地区此前没有商业化种植过番木瓜，尚未受到番木瓜环斑病毒的波及，种种有利因素为番木瓜新品种"卡波霍"（Kapoho）提供了十分舒适的生长环境。到了 70 年代，普纳生产的番木瓜占夏威夷番木瓜产量的 95%。

原本以为番木瓜环斑病毒的危机就此解除了，可惜由于普纳距离疫区只有 30 千米，番木瓜环斑病毒趁普纳地区病毒防线未稳，找准机会又强势入侵了普纳，普纳就此也成为番木瓜环斑病毒"沦陷区"。后来种植者们几经搬迁，然而他们非但没能扼杀掉该病毒，反而把病毒传播了出去，使其在世界各地危害番木瓜。

中国自明末清初开始栽种番木瓜，几百年的时间里，番木瓜产业得到了快速发展。然而，自 20 世纪 50 年代末引进一些国外番木瓜品种后，国内就开始有了番木瓜环斑病侵袭的迹象。我国华南各省于 1959 年始发此病，至 1965 年病情一发不可收拾，部分地区的发病率更是高达 90% 以上，甚至还有加重的趋势。可以说，当时我国的番木瓜种植已近乎灭亡，使得番木瓜产业遭受重创。

除此之外，以番木瓜为日常食物的泰国也遭遇了番木瓜环斑病毒的严重侵袭。其中叻〔lè〕丕、龙仔厝〔cuò〕、佛统及北碧四府的番木瓜全部感染了该病毒，无数瓜园绝收。同时素攀、罗勇及素吻他尼等府感染病毒率高达60%，遭受损失的面积超过9 000公顷，经济损失高达1.2亿元人民币，而且多数地区再也无法种植番木瓜了。

当时，番木瓜环斑病毒几乎分布于全球所有番木瓜种植区，包括美国、巴西、墨西哥、中国、日本、澳大利亚、印度、泰国、越南、马来西亚、菲律宾、印度尼西亚、委内瑞拉、牙买加和科特迪瓦等，基本处于一种"哪里种植番木瓜，哪里就有该病毒危害"的状态，给全球番木瓜种植业带来毁灭性的灾难，可造成100%的损失。

可见，番木瓜环斑病毒已经掀起了"世界大战"，无数番木瓜在其侵略下"瑟瑟发抖"，一场番木瓜保卫战的号角已正式吹响。

受番木瓜环斑病毒
危害后，满目疮痍
的番木瓜种植园

10. 番木瓜环斑病毒长什么样呢？

引起番木瓜病毒病的病原种类其实很多，已报道发现的病毒有 14 种。在已报道的番木瓜病毒中，危害最严重的就是番木瓜环斑病毒（在中国台湾地区称之为木瓜轮点病毒）。该病毒分布范围十分广，几乎覆盖了全球所有的番木瓜种植区域。

番木瓜环斑病毒隶属于马铃薯 Y 病毒属（Potyvirus），它的结构包括蛋白外壳（Coat protein，CP），以及由

蛋白外壳包被的核酸（RNA），体积大小在纳米级别
[（500～800）nm×12nm]，呈线状，能够侵染寄主而且只
能在寄主的活细胞中生存和繁殖。

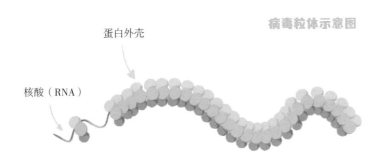

病毒粒体示意图

蛋白外壳

核酸（RNA）

番木瓜环斑病毒

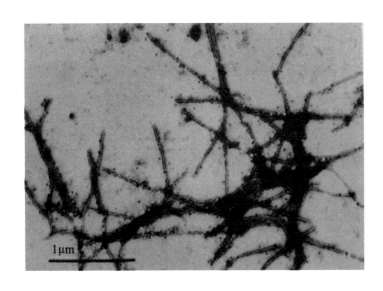

1μm

电子显微镜下番木
瓜环斑病毒粒体

番木瓜环斑病毒的寄主范围比较窄，有科学家做过研究：将番木瓜环斑病毒接种到 15 个科的 50 种植物中，结果只有番木瓜科和葫芦科的若干植物被侵染，并产生染病的症状。他们根据寄主范围将番木瓜环斑病毒株系划分成两种类型：P 型株系，是为祸番木瓜的罪魁祸首；W 型株系，侵染对象是葫芦科作物，不侵染番木瓜。

P 型株系又因为所处地域不同，而变异出多个株系，仅我国南方就有 Ys、Vb、Sm 和 Lc 等 4 个株系，我国台湾地区是 YK 株系，而美国夏威夷则是 HA 株系。Ys、Vb、Lc、Sm 株系侵染番木瓜后的田间症状基本相同，主要有花叶、斑驳、叶畸形和（或）卷曲，茎干上水渍状斑点和（或）条斑，果实上水渍状斑点和（或）环状斑等，最先表现出症状的是新生组织，比如幼嫩的叶片或果实。病株会出现生长受阻、矮化等现象，直至停止生长，甚至枯死。另外，早期发病的植株所结出的果实基本都是畸形的；后期发病的植株所结病果即便能够成熟，其甜度下降，乳汁含量减少，果肉中常出现颗粒状硬块，从而严重影响果实的口感和风味。

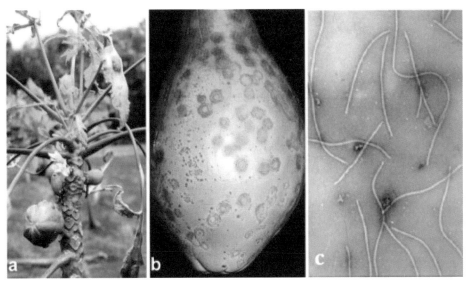

感染环斑病毒的番
木瓜症状

"病号"番木瓜

畸形叶、丝状或鸡爪状叶

叶脉透明化、脉间黄化

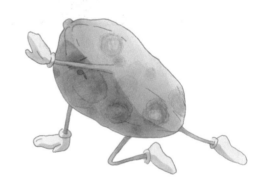

茎和果实水渍状

11. 番木瓜环斑病毒是如何传播的？

番木瓜环斑病毒发展势头如此迅猛，传播速度如此迅速，跟病毒的传播方式多样，且能在短时间内完成传毒有着密不可分的关系。

在自然环境中，番木瓜环斑病毒十分擅长搭"飞机"传毒，即通过蚜虫为主的昆虫媒介以非持久性方式进行传播。这些蚜虫只要在感染番木瓜环斑病毒的病株上取食 2 分钟，病毒就能沾染在蚜虫的口器上，蚜虫带毒飞到健康植株上只需要取食十几秒即可将病毒传入健康植株体内，故称之为"即食即传"。这种蚜虫即食即传的快速传播方式是番木瓜环斑病毒自然传播的主要方式，其传播率极高，如果疏于防治，病毒只需 7 天就可快速扩散到整个瓜园。

此外，番木瓜环斑病毒也可通过机械摩擦、针刺、嫁接等方式传播。当瓜园的木瓜树被环斑病毒侵染后，感病植株的叶片只要与健康植株的叶片轻微接触摩擦就可传染病毒；同时，当人或者农具不经意间触摸到感病植株，如果没有对触碰过病株的手或者农具加以清洁消毒，就直接与健康植株接触也可以传染病毒。

1 mm

桃蚜

蚜虫

|拓展知识|

昆虫传播病毒的三类方式。

第一类，非持久性传播：系蚜虫为介质的传播，即短短几秒便可完成的毒传毒过程，例如番木瓜环斑病毒的传播过程以蚜虫为主，其中主要为棉蚜和桃蚜，其次为玉米蚜、花生蚜、麦蚜和夹竹桃蚜等。在我国台湾地区则以绿桃蚜、夹竹桃蚜和棉蚜的传毒效率较高。

第二类，半持久性传毒：甜菜黄化病毒，花椰菜花叶病毒等一类的由蚜虫传播的病毒，在与媒介昆虫的关系上，具有半持久性的特点，就是说这类病毒在媒介昆虫体内保持的时间，比非持久性病毒长，但又比持久性病毒短，故名半持久性瘾毒。

第三类，持久性传播：亦称长久性传播，是植物病毒虫媒传播的一种类型，为非持久性传播的对应词。在此类型的传播中，媒介者开始即使吸吮染病植物体汁液而获得病毒，但并不立刻具有传染能力，需要经过 5 ~ 30 日的潜伏期，才能长期保持传染能力。

12. 艰难的抗毒之路

番木瓜家族的成员大多"体弱"，属内虽然有多个种，但是却没有能够抵抗番木瓜环斑病毒的种质资源，其中番木瓜高生种和青柄种就很容易感染病毒。虽说极少数的矮生种和红叶品种较耐病，但也只是相对而言，在病害流行的地区和年份，番木瓜的发病率都很高，故品种抗病性差异并不显著。所以，在番木瓜环斑病毒暴发的初期，人们也是想尽了各种方法去控制病毒的蔓延。

另外，番木瓜环斑病毒复杂多变，株系的地域性区别大，在世界各地区形成了多种株系。目前发现的番木瓜环斑病毒株系或分离物就有 36 个，因此，至今尚无有效的化学药剂能对其加以控制。

早期的防控方法主要是通过预防措施控制或延缓病毒在种植园中的散布，将番木瓜种植区与病毒隔离、清除病原和传播媒介等。比如，采用无毒种子繁殖新苗，隔离区或种植地尽量远离感染过病毒的地块，远离其他番木瓜环斑病毒宿主，如葫芦科植物。如果感染上番木瓜环斑病毒，人们想尽了各种方法去快速清除种植园中染病的植株和种植园附近可能的番木瓜环斑病毒宿主，但最终还是败给了蚜虫的非持久性传毒能力，导致瓜农们只能秋播春植，当年收果后即砍除植株，生生将番木瓜由多年生植物变成了一年生植物，经济效益也因此严重受损。

到了20世纪70年代，科学家们想到用弱毒系交互保护的方法来保护番木瓜。美国康奈尔大学的丹尼斯·冈萨雷斯博士（Dennis Gonsalves）意识到：夏威夷番木瓜在普纳商业化种植的30余年中，虽没有遭受番木瓜环斑病毒的侵染，但是普纳离番木瓜环斑病毒疫区希洛（Hilo）和凯阿奥（Keaau）只有30多千米，普纳的番木瓜将不可避免地会遭受番木瓜环斑病毒的再次侵染。于是他从1979年开始研究利用弱毒系交互保护技术来控制番木瓜环斑病毒，使普纳的番木瓜免遭该病毒侵染。番木瓜环斑病毒株系众多，毒力有强有弱，而交互保护的关键是要获得病毒的弱毒株。丹尼斯的学生，来自我国台湾地区的叶锡东经过大量实验，获得了一个名为PRSV HA5-1的弱毒株。通过温室实验表明，该毒株在番木瓜中表现为弱毒性，并且能抵抗强毒株系PRSV HA的侵染。

后来，弱毒系交互保护在我国台湾地区和美国佛罗里达、夏威夷等地区得到一定的推广应用。但是，人们不得不面对一个很现实的问题：如何快速地为几十万株番木瓜逐一接种弱毒株？瓜农们表示心有余而力不足。无奈之下，弱毒系交互保护的推广遇到了极大的挑战。并且，如何获得有较好交互保护作用的弱毒株也是该方法发展应用需要攻克的又一难题。

科学家们也想通过杂交育种技术选育出抗病和耐病的番木瓜品种。他们找到了一些天然具有高水平抗性和免疫性的野生番木瓜，让它们与人工诱变栽培种杂交，但是因为种间屏障的存在，杂种后代会出现杂交不亲和性和不育等问题。再加上番木瓜是异花授粉果树，通过杂交选育出的抗病品种，后代性状会发生分离，抗病的优良性状有可能会丢失，因此想通过杂交育种拯救番木瓜的这条路也失败了。2004 年，我国科学家曾通过杂交育种的方式培育出抗病品种"钟村 1 号"，试验阶段的"钟村 1 号"在抗病能力上表现突出，但最终因为后代性状分离，优良抗性很难保持而没能大面积推广。

丹尼斯·冈萨雷斯

| 拓展知识 |

弱毒系交互保护

1929 年，美国病理学家麦金尼（H.Mckinney）等人在研究烟草病毒时发现了植物病毒间这一有趣的特性。通常是让植物先感染一种致病力弱的病毒，然后再感染致病力强的病毒时，植物受侵害的程度会大大减小。先感染的致病力弱的病毒对寄主影响小，叫保护株系(protecting strain)或弱株系。而后侵入的致病力强的病毒，会严重危害寄主，叫攻击株系(challenge strain)或强株系。

弱毒系交互保护应用到防治番木瓜环斑病毒时，首先要筛选出番木瓜环斑病毒的弱毒株，然后人为地使番木瓜幼苗感染筛选出的弱毒株系，这时番木瓜幼苗不会表现出显著的病害，之后再受到同种类强毒株系感染时，病毒强毒株系就不会对番木瓜幼苗造成严重危害了。

13. 番木瓜的救赎

20 世纪 70 年代，随着生物基因工程崛起，科学家对植物病毒防治的探索有了新的思路。约翰·桑福德（John Sanford）和斯蒂芬·约翰斯顿（Stephen Johnston）于 1985 年首次提出了病原介导抗性的概念，指在植物中导入病原基因，能使该转基因植物产生对这种病原或相近病原的抗性。1986 年，美国华盛顿大学通过基因工程技术成功把烟草花叶病毒的外壳蛋白基因转入了烟草，从而获得了世界上第一例抗病毒转基因植物，且抗病表现良好。于是乎，科学家们由烟草联想到了番木瓜：转基因番木瓜是否也可以抵挡番木瓜环斑病毒的危害呢？

从 1986 年开始，美国康奈尔大学的研究人员就开始进行基于病原介导抗性的番木瓜抗环斑病毒的研究，到 1991 年与夏威夷大学的研究人员成功获得一株转番木瓜环斑病毒外壳蛋白基因的番木瓜，被命名为 "55-1"，对强毒株系 PRSV HA 具有高度抗性。经过逐步杂交育种，得到了 2 个转基因番木瓜株系——"日升"（SunUp）和 "彩虹"（Rainbow），并于 1998 年在夏威夷正式投入商业化生产。我国华南农业大学也研发出转番木瓜环斑病毒复制酶基因的番木瓜"华农 1 号",高抗 Ys、Vb、Sm 等株系,并于 2006 年获得农业部的安全生产证书。

这些转基因番木瓜品种不仅对番木瓜环斑病毒具有明显的抗性,使番木瓜发病率减少了 90%,同时还提高了番木瓜的产量与质量,且生态适应性很强,保障了食品安全,这才有了如今的番木瓜食用自由。至此,在这场跨越 70 多年的斗争中,以人类的胜利而暂告一段落。

种植转基因番木瓜后恢复往日繁荣的普纳地区

14. 转基因番木瓜的转化方法有哪些？

在研发转基因番木瓜的过程中，科学家主要运用了 3 种介导系统将外源基因转入番木瓜基因组中，包括：农杆菌介导的转化、基因枪法介导的转化以及花粉管通道转基因技术。

农杆菌介导的转化　在植物的根部，生长着各种各样的微生物，有一种细菌叫做农杆菌，它长得像一根棒子，有两三微米长，当我们把它放大到 1 000 倍时才能看清楚。

在植物受伤时，农杆菌会通过伤口进入植物细胞中，并将自己的基因（T–DNA）插入植物基因组中。科学家们发现，早在几千年前农杆菌就把自己的基因插入红薯中了。因此，农杆菌是一种天然的植物转基因工具，是"自然界最小的遗传工程师"。

打个比方，农杆菌就像一个交通工具，里面有一位叫做 T–DNA 的乘客，我们将重要信息（靶标基因）交给 T–DNA 乘客，它带着靶标基因进入植物体内，并将靶标基因插入植物的基因组中。然后，通过细胞和组织培养技术，携带有靶标基因的植物就诞生了。这就是农杆菌介导的现代转基因技术。

早期有科学家用农杆菌侵染番木瓜形成转基因愈伤组织，但是没能再生出完整的番木瓜植株。直到20世纪90年代后期，不同国家的一些实验室才把农杆菌介导的转化技术成功地应用在番木瓜的转基因研究上，并获得了含有番木瓜环斑病毒的蛋白外壳基因或复制酶基因的转基因番木瓜植株。

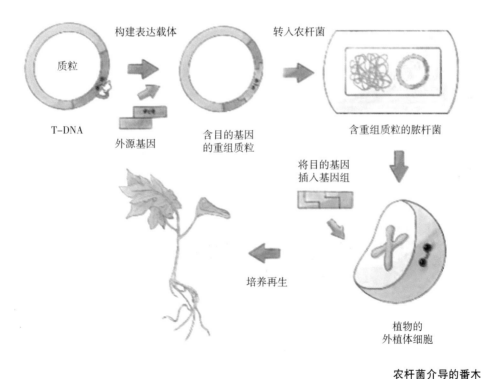

农杆菌介导的番木瓜转化示意图

　　基因枪轰击法介导的转化　这是另一种应用广泛的基因转化技术。它是将靶标基因与钨粉或金粉吸附制成"子弹"，利用基因枪装置的高压放电将"子弹"打入活体细胞中，经培养再生出植株，然后运用试验设计好的选择标记基因（如抗生素抗性基因等），筛选出其中转基因阳性的植株即为转基因植株。1993年，第一个转基因番木瓜品种"日升"就是科学家们使用基因枪法将外源基因转入番木瓜体内，并成功再生出完整的转基因植株。

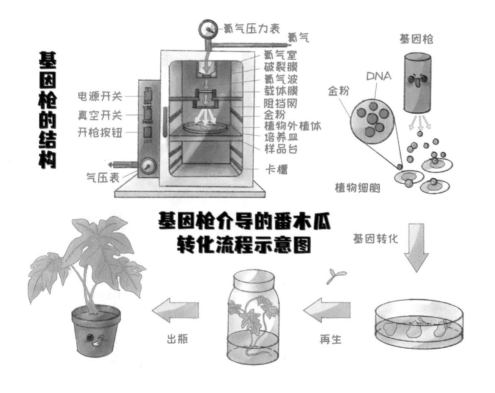

基因枪的结构

基因枪介导的番木瓜
转化流程示意图

花粉管通道转基因技术　这是在 20 世纪 80 年代初期由我国科学家周光宇提出的一种转基因技术。它是在授粉后向子房注射含靶标基因的 DNA 溶液，利用植物的花粉管通道，将靶标基因导入受精卵细胞，进而整合到该细胞的基因组中，之后成长为携带靶标基因的转基因新植株。这个方法被成功地应用到我国转基因抗虫棉的研发上。利用花粉管通道技术培育转基因番木瓜时，一般选择番木瓜雌性花朵进行操作，主要是因为在进行转基因研究时，免除了去除雄蕊的步骤，并且雌花花朵较大，便于人工操作，授粉后种子较多，方便后期筛选，这是利用该技术进行转基因番木瓜研究的有利条件。

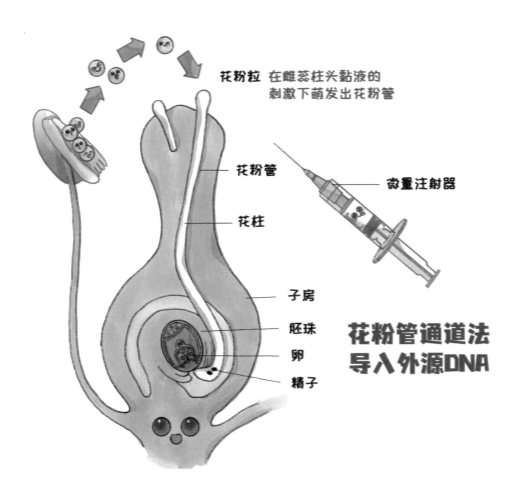

花粉粒 在雌蕊柱头黏液的
刺激下萌发出花粉管

花粉管

花柱

微量注射器

子房

胚珠

卵

精子

花粉管通道法
导入外源DNA

|拓展知识|

去　雄

目的是防止植物自身雄蕊上的花粉落入雌蕊上发生自交。人工去雄后，植物不能自然授粉，便于有选择地进行人工授粉，是培育植物新品种的一个重要方法。

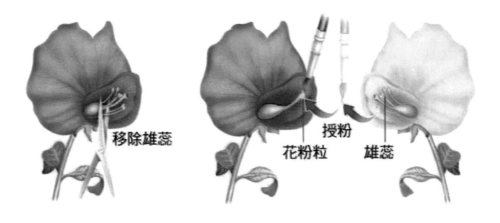

移除雄蕊　　授粉　　花粉粒　　雄蕊

植物去雄操作

15. 第一例转基因番木瓜

从 1986 年开始，美国康奈尔大学的丹尼斯·冈萨雷斯（Dennis Gonsalves）实验室就进行基于病原介导抗性的抗番木瓜环斑病毒研究，先是和普强公司（Upjohn Company）合作成功完成番木瓜环斑病毒外壳蛋白基因的克隆，选用的病毒株系为弱毒株 PRSV HA5-1。1987 年，夏威夷大学的莫琳·菲奇（Maureen Fitch）接手了后期的番木瓜基因转化工作。他利用基因枪法成功获得了一批转基因番木瓜植株，其中一株被命名为"55-1"的株系对 PRSV HA 病毒具有高度抗性。"55-1"是否能够抵御其他国家和地区的番木瓜环斑病毒株系呢？菲奇用十多种来源于不同国家和地区的番木瓜环斑病毒株系对转基因番木瓜"55-1"的抗性进行鉴定，结果显示，"55-1"只对夏威夷地区的番木瓜环斑病毒株系具有高抗，但基本不抗其他国家和地区的番木瓜环斑病毒株系。同时，结果也显示转基因番木瓜的抗性并不和外壳蛋白产生量的多少相关。

1991 年，美国政府批准了转基因番木瓜的田间试验。1992 年 6 月，"55-1"的转基因第一代植株被种植到瓦胡岛的小型田间试验地。在随后两年的观测中，转基因番木瓜表现出对番木瓜环斑病毒非常高的抗性。几乎 95% 的非转基因植株表现出番木瓜环斑病毒症状，而转基因番木瓜"55-1"都没有表现出症状，并且"55-1"植株的生长、果实形态和成分都与非转基因番木瓜植株表现一致。

"55-1"是"日落"（Sunset）番木瓜品种的转基因株系，是红色果肉的商业化品种。"55-1"经杂交和回交后获得的纯合转基因株系被命名为"日升"（SunUp）。之后，研究人员又将"日升"和普纳地区的黄色果肉品种"卡波霍"（Kapoho）杂交，获得了黄色果肉转基因后代"彩虹"（Rainbow），而该品种因为有了"卡波霍"的基因，比"日升"更适应降雨量大的普纳地区。

1995 年，"日升"和"彩虹"在普纳地区进行田间试验，证实了两者对番木瓜环斑病毒具有明显抗性，且兼具高产和更广泛的生态适应性等优点。1998 年，这两个品种通过了美国相关行政部门的认证和许可，成为世界上第一批商业化的转基因果树栽培种。2003 年，加拿大批准了美国转基因番木瓜的进口申请。2010 年，日本也批准了转基因番木瓜进入本国市场，一改其十多年来抵制转基因作物的态度。

番木瓜"日升"
（SunUp）

番木瓜"彩虹"
（Rainbow）

16. 我国转基因番木瓜的研究历程

番木瓜环斑病毒的变异能力很强，不同地区的病毒株系在感染番木瓜的能力上存在较大的差异。例如，夏威夷转基因番木瓜"55-1"只对当地的番木瓜环斑病毒株系具有较高的抗性，但对我国华南地区的 4 个番木瓜环斑病毒株系（Ys、Vb、Lc 和 Sm）和我国台湾地区以及泰国等亚洲国家的番木瓜环斑病毒株系不具有抗性。

也就是说，哪怕我国批准了夏威夷转基因番木瓜在国内商业化种植，夏威夷转基因番木瓜也会因为"水土不服"而难以存活下来。各个国家和地区必须要针对本国或本地区的优势病毒株系，研发出相对应抗性的新型转基因番木瓜品系。

其实，我国的转基因番木瓜研究很早便开始了，最早可追溯到 1996 年。当时我国台湾地区的中兴大学研究获得了对番木瓜环斑病毒具有高度抗性的转基因品系，后来中山大学、华中农业大学和中国热带农业科学院接连开展了转基因番木瓜的研究。但当时这些科研单位进行的转基因番木瓜后续试验进展并不顺利，大多停滞在安全性评价试验阶段，均未能商业化种植。

华南农业大学利用 Ys 株系的复制酶基因（RP）获得了优质高抗 Ys、Vb、Sm 等株系的转基因番木瓜"华农 1 号"。2006 年，"华农 1 号"获得在广东省生产应用的安全证书，批准其在我国广东省推广种植，并且种植面积逐年扩大。至 2009 年，"华农 1 号"在广东种植面积占全省番木瓜种植面积的 95％以上，从根本上解决了我国番木瓜产业受番木瓜环斑病毒威胁的问题，为社会带来了巨大的经济效益。

番木瓜"华农 1 号"

17."华农1号"番木瓜的选择

为什么我国的科研人员选择番木瓜环斑病毒的复制酶基因来研发新的转基因品系，而没有选择转入外壳蛋白基因呢？其实，这是我国科学家慎重考虑的结果：一个是经过长期的研究发现，转外壳蛋白基因的番木瓜对病毒的抗性还不够强，另一个原因则是为了规避一种潜在风险。

植物病毒种类繁多而复杂，比如，有的是通过蚜虫传播，有的则不能通过蚜虫传播。番木瓜环斑病毒是通过外壳蛋白依附在蚜虫的刺针上进行传播的，科学家假设转外壳蛋白基因的番木瓜感染了另一种不具有蚜虫传播的病毒，是否会出现张冠李戴的现象？就是说，不具有蚜虫传播的病毒核酸被番木瓜环斑病毒的外壳蛋白包裹起来，从而演变成一种可以被蚜虫传播的"新"病毒呢？当然，目前这种情况还没有出现过，但是谨慎起见，我国科学家还是改用了番木瓜环斑病毒的复制酶基因来研发转基因品系，避免产生不良的后果。

18. 转基因番木瓜的抗病毒原理

人和动物得了病毒病一般是靠自身的免疫系统产生抗体来消灭病毒（流感特效药"达菲"是例外）。植物本身是不具备人类和动物的免疫系统的，也就不可能产生抗体来消灭病毒。转基因抗病毒育种就成了植物病毒病防治的最有效手段。

那为什么植物转入了病毒自己的基因反而能够杀死病毒呢？首先要知道，转基因植物抗病毒原理与人接种疫苗产生抗体是不同的。那有人可能要说了，弱毒系交互保护不就跟人接种疫苗一样吗？先接触弱毒株病毒，然后就不怕强毒株的侵害了。其实，这个问题也同样困扰了科学家很多年。直到 1990 年，美国科学家乔根森在研究矮牵牛花花色时，发现了"基因沉默"现象，才科学地解释了转基因抗病毒和弱毒系交互保护的原理。

一般而言，生物体遗传信息的表达要经历两个过程：一是转录，即以 DNA 为模板，合成一条信使 RNA（mRNA）；二是翻译，根据 mRNA 上的信息来合成一条氨基酸链，后者再构成蛋白质，并行使其生命功能。而基因沉默现象是发生在基因被转录成 mRNA 后，mRNA 还没来得及翻译成蛋白质就被降解了，导致该基因无法正常表达，也就无法完成其生命功能。因此准确地说，基因沉默现象更应该叫做"转录后的基因沉默"。那么，为什么会有这种现象产生呢?

长期的自然选择和进化使得生物体拥有了一套抵御外来核酸入侵的自我保护机制，也被称为"核酸水平上的免疫机制"。当生物体感知到病毒等会入侵并破坏自身的基因时，就会激活这种机制去降解病毒的 RNA，从而保护生物体自身安全。

转基因对植物来说也是外来核酸，在病毒入侵前就激活了植物的基因沉默机制，从而引起转基因跟入侵病毒的同一基因发生"共同沉默"。至此，人们明白了交互保护现象产生的机制，也就是植物转录后的基因沉默起到了保护植物的作用。

之后，科学家通过用番木瓜环斑病毒接种到转复制酶基因番木瓜上的试验研究，发现接种后的番木瓜中复制酶基因的 mRNA 含量果然比接种前大幅度下降，从而证实了转录后的基因沉默正是转基因抗病毒结果的分子生物学机理。

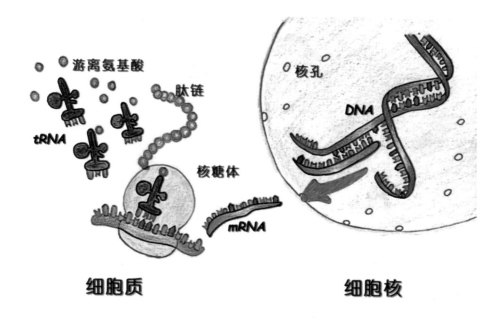

细胞质   细胞核

DNA 的转录和翻译

拓展知识

基因沉默

查尔酮合成酶基因可以合成花青素，使花色呈现紫色。1990 年，美国科学家乔根森把一个查尔酮合成酶基因转入矮牵牛（本身含有一个查尔酮合成酶基因）中，希望可以使它的花色变深。可结果却大大出乎他的意料，转基因矮牵牛的花色没有加深，反而呈现白色。显然，两个查尔酮合成酶基因都没有发挥出自己的作用，"共同沉默"了。

随后，科学家们发现"基因沉默"（Gene Silencing）现象普遍存在于真菌、线虫、昆虫等物种体内，且都有双链RNA分子参与。1998年，美国科学家安德鲁·菲尔（Andrew Fire）和克莱格·梅洛（Craig Mello）运用"RNA干扰"技术成功地把线虫的基因"沉默"。这两位科学家因此获得了2006年诺贝尔生理及医学奖。现在科学家们也常用"RNA干扰"技术把生物体中某一特定基因沉默掉，从而研究该基因的功能。

克莱格·梅洛　　　　　　　　安德鲁·菲尔

19. 转基因番木瓜的安全性问题

从研发出来到商业化生产，转基因番木瓜需要通过一个非常漫长而严格的安全性评价。安全性评价包括环境安全性评价和食用安全性评价两方面。

国内外环境安全性评价指标主要有：转基因植物的生存与竞争力、基因漂移的环境影响、对靶标生物的抗性、对非靶标生物的影响、对植物生态系统群落和有害生物地位演化的影响、对靶标生物的抗性风险。

比如美国的"日升""彩虹"和我国的"华农1号"都是经过研发单位和相关具有环境安全评价资质单位多年温室和田间系列研究后，证实没有发现这些转基因番木瓜品种与其非转基因亲本品种之间在环境影响方面的差异，所有的转基因品种和非转基因亲本品种的表现都是相同的，转基因番木瓜对环境没有发生任何不良影响。

另外，国内外食用安全性评价指标主要包括必要的动物毒理学评价、食品过敏性评价，与非转基因植物相比，转基因植物的营养物质、抗营养因子是否有差异，以及转基因植物可能会发生与人们预期目标不一致的情况等。以"日升""彩虹"和"华农1号"为例，所转的外源目的基因均来自番木瓜环斑病毒。在番木瓜种植和食用的几百年历史中，从未发生因食用番木瓜而对人类和其他动物造成危害的报道。因此，现有的转基因番木瓜从理论上而言，与非转基因番木瓜具有实质等同性，不会对人类食用安全造成不良影响。尽管如此，转基因番木瓜在商业化生产前，都需要按照国际和相关国家通用及相关的安全标准进行严格的食用安全性评价，并需获得政府审查认可通过。

在研发转基因番木瓜的时候，为了便于筛选转基因植株，通常会将卡那霉素（Npt Ⅱ）等抗生素抗性基因与外源基因串联在一起导入植物基因组中。因此，人们担心食用这些番木瓜可能会产生抗生素耐药性。2010年4月13日，欧盟食品安全局回应了人们的这项质疑。转基因专家小组公布一份科学报告，确认将卡那霉素抗性基因用于转基因作物的选择标记基因，对人体、动物健康以及环境没有风险。其实，自然界中很多植物、微生物本身就自带卡那霉素抗性基因，意味着人类每时每刻都能够接触到含有卡那霉素抗性的生物，并与它们共生。

夏威夷转基因番木瓜在1996年通过美国动植物卫生检疫局（APHIS）、食品药品监督管理局（FDA）和美国国家环境保护局（EPA）的审查，1997 年开始在美国商品化生产；并于 2002 年和 2010 年分别通过加拿大和日本政府审查，于 2003 年和 2012 年开始大量出口到加拿大和日本供人们消费。

我国研发的"华农 1 号"在 1999 年获得成功后，分别于 2000—2006 年完成中间试验、环境释放、安全性生产试验以及安全证书申请等各个安全评价阶段，并于 2006 年获得在广东省生产应用的安全证书。随后，于 2010 年获得在我国番木瓜适生区生产应用的安全证书。由于我国颁发的安全证书有效期仅为 5 年，我国研发团队于 2015 年进行续申请，并再次获得在我国番木瓜适生区生产应用的安全证书。以上申请阶段的所有安全性评价结果均表明，这些转基因番木瓜与传统非转基因番木瓜一样，具有食用安全性，没有发现任何潜在的食用不利风险。

20. 种植转基因番木瓜有哪些好处呢？

转基因番木瓜的种植为非转基因番木瓜的生长提供了保护屏障。为了应对不同国家对待转基因番木瓜的政策，如日本在 2010 年以前未批准转基因番木瓜进口，普纳地区的非转基因品种"卡波霍"是日本主要进口的番木瓜。为了应对这一市场需求，夏威夷的瓜农们在非转基因番木瓜的周围种植一批转基因番木瓜，就能够有效防止携带番木瓜环斑病毒的蚜虫侵袭非转基因番木瓜，进而提高非转基因番木瓜的产量。

转基因番木瓜能够节约番木瓜生产用地。曾经备受病毒侵害的番木瓜种植地区可以被重新利用起来种植抗病毒的转基因番木瓜。种植者清理出来的新种植区域可以用来栽培其他作物。这对于土地有限的夏威夷来说具有十分重要的意义，不仅提升了经济效益，而且还通过增加生物多样性来促进环境的良性发展。

非转基因番木瓜和转基因番木瓜间隔种植

21. 国内外转基因番木瓜品种有哪些?

在遭遇番木瓜环斑病毒的洗礼后,番木瓜经过多代培养,不断选育出了更多优质品种,并进行了推广。

数据显示,2020 年我国番木瓜种植面积达到 14 835 公顷,产量达到 16.7 万吨,且品种多样。

"美选一号"是广州地区培育出来的一个品种,其果实呈倒卵形、纺锤形,重量一般在 0.5 ~ 0.8 千克,果肉是红色的,吃起来甘甜带有清香,果肉也比较嫩滑,十分美味。

番木瓜"美选一号"

　　"岭南种"是引自夏威夷的番木瓜品种，在广州有较长的栽培历史，已适应在广州地区生长。特点是植株较矮，早结丰产，两性株果实较长，肉厚，果肉橙黄色，味甜，有桂花香；耐湿性较强。

番木瓜"岭南种"

　　"台农 10 号"又名"橙宝"，我国台湾地区"橙宝"
番木瓜最大的特色就是个头大，每个重达 1.2 千克，大概
是"台农 2 号"的 1.5 倍左右，可食用部位更多。同时，
"橙宝"的果肉看起来更像芒果，非常讨喜，同时味道比
较清甜、果肉比较结实，让不喜欢木瓜腥味的消费者愿意
尝试。

番木瓜"台农 10 号"

　　"红妃"是我国台湾地区的优良番木瓜品种，它的果皮光滑美观，果肉厚，肉色红美（低温期肉色较淡），肉质细嫩，气味芳香，风味好，汁多味甜，具有结果期早，产量高，品质优，耐病毒病，耐雨水，栽培容易等优点。

番木瓜"红妃"

　　"苏罗"（solo），这款菲律宾番木瓜是市面上较为少见的非转基因品种，它生长在菲律宾棉兰老岛。该岛一直种植岛内的番木瓜品种，从不允许任何外来的番木瓜果实或种子进入。所以，当地仍未感染番木瓜环斑病毒，因此当地也就不必引进转基因番木瓜品种来确保木瓜产量。其果形圆润丰满，表皮为青绿色，搁置一段时间后，颜色全部变黄时是生食的最好时机。将其切开，就会闻到独特的木瓜香味，令人食欲大开。

番木瓜"苏罗"

22. 全球及中国番木瓜种植面积、产量及主要贸易地

番木瓜在世界热带、亚热带地区均有种植，现在主要分布于东南亚、美洲及澳大利亚等地。

2020 年，全球番木瓜种植面积约为 47 万公顷，同比增长 1.7%；全球番木瓜产量约为 1 395.5 万吨，同比增长 1.6%。

2020 年，中国番木瓜种植面积约为 14 835 公顷，同比增长 12.6%；中国木瓜产量为 16.7 万吨左右，同比增长 1.9%。

根据智研咨询发布的《2021—2027 年中国木瓜行业发展现状分析及市场分析预测报告》数据显示：我国番木瓜出口数量远远大于进口数量，主要进口地为菲律宾。2020 年，中国进口菲律宾番木瓜数量约 1 176 吨，占进口总数的 97.5%；进口金额约 135 万美元，占进口额的 96.4%。中国番木瓜主要出口地区为中国香港、中国澳门和哈萨克斯坦等地。2020 年，中国输出到中国香港的番木瓜数量约 1 万吨，占输出总量的 93.37%；金额为 1 483 万美元，占总金额的 98.5%。

2014—2020 年全球番木瓜种植面积及产量

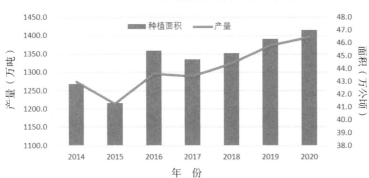

2014—2020 年中国番木瓜种植面积及产量

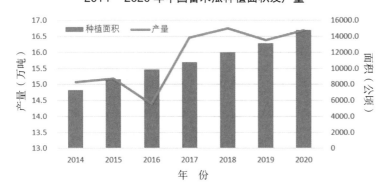

23. 为何没有对转基因番木瓜进行标识?

为了加强我国对农业转基因生物的标识管理，规范农业转基因生物的销售行为，引导农业转基因生物的生产和消费，保护消费者的知情权，根据《农业转基因生物安全管理条例》制定《农业转基因生物标识管理办法》，在附件《实施标识管理的农业转基因生物目录》中要求对5大类17种转基因生物进行强制性标识，而在这个目录范围中并不包括番木瓜，这又是什么原因呢?

一个转基因产品是否需要标识，主要依据之一是市场占有率的多少。就转基因番木瓜而言，市场占有率已达到了90%以上，也就是说，只要是市场上销售的番木瓜基本上都是转基因的，因此对市场上销售的番木瓜通过标识来区别转基因或非转基因意义不大。

另外，由于转基因番木瓜获得了安全证书，说明在食用安全上不存在问题，同时转基因番木瓜相对于其他作物而言，属于小作物，即种植面积小，种植区域有限，且其他国家也没对转基因番木瓜进行标识。综合多方面的因素，国家最终没有将转基因番木瓜列入标识目录。

第一批实施标识管理的农业转基因生物目录表

1	大豆种子、大豆、大豆粉、大豆油、豆粕
2	玉米种子、玉米、玉米油、玉米粉（含税号为 11022000、11031300、11042300 的玉米粉）
3	油菜种子、油菜籽、油菜籽油、油菜籽粕
4	棉花种子
5	番茄种子、鲜番茄、番茄酱

│ **拓展知识** │

　　通过外观特征可以区分转基因和非转基因番木瓜吗？

　　其实，这是不可能的。转基因和非转基因番木瓜在形态、大小、色泽等外观特征上是一样的。因此，是不可能通过番木瓜的外观进行鉴别是否为转基因番木瓜。目前，只能在实验室通过血清学和DNA检测才能鉴定是否为转基因番木瓜。

结语

　　时至今日，我国批准种植的转基因蔬果只有番木瓜。由于转基因番木瓜没有列入我国需要强制标识转基因的"5大类17种"农作物中，所以还有很多人不知道水果市场出售的番木瓜是转基因的，反而把一些长相奇特的水果蔬菜，比如小番茄等误以为是转基因的而非常抵触。其实，我们国家在转基因技术应用上可谓十分谨慎，不像有些国家，早就大规模种植了转基因大豆、转基因玉米等作物。我国仍没往这个方向进行商业化推广种植。

　　吃不吃转基因水果是个人的选择，但是要相信我们的国家是不会拿人民的生命开玩笑的。爱吃番木瓜的朋友也不必担心，因为经过这么多年的时间检验证实：转基因番木瓜是安全的，是可以放心食用的！